AF462413

V

RAPPORT
SUR LES MINES ET L'USINE
DE VIALAS

ADRESSÉ

A MESSIEURS LES COMMISSAIRES DÉLÉGUÉS
DE LA COMPAGNIE

PAR M. E. LANDSBERG
INGÉNIEUR CIVIL

Paris. — Imprimerie d'E. Duverger, rue de Verneuil, 6.

CHAPITRE PREMIER.

LES MINES DE VIALAS.

Dans ce chapitre je commencerai par donner une idée générale des filons métallurgiques de Vialas, en faisant abstraction des travaux qui y ont eu lieu ; je décrirai ensuite sommairement l'état actuel des mines, et je finirai par l'indication des travaux qu'il convient de faire dans l'avenir.

§ 1. Le champ d'exploitation de Vialas considéré en lui-même, abstraction faite des travaux. — Sa division en trois districts. — Les filons reconnus au nombre de cinq.

Le champ métallifère exploité à Vialas se trouve dans le micaschiste ; il est compris entre deux grands barrages formés par de puissants filons de quartz, que j'appellerai le barrage du nord et le barrage du sud, en réservant le nom de filon exclusivement pour les parties métallifères. Les travaux d'exploitation actuels se trouvent à une grande hauteur au-dessus du lit du Luech, qui entoure le champ d'exploitation de deux côtés. Les filons de ce champ métallifère ont été reconnus, en partie par des travaux intérieurs d'une grande étendue, en partie seulement par les affleurements. Sur plusieurs points les travaux sont assez avancés pour qu'on puisse se faire une idée nette du rapport des filons entre eux. Ailleurs, il règne encore une obscurité que les travaux ultérieurs seuls peuvent faire disparaître.

Les filons principaux ont la direction générale de l'est à l'ouest ; on distingue le *filon des Anciens*, le *filon des Avesnes* et le *filon de l'Espérance*. Ils sont coupés par deux filons approximativement parallèles entre eux et ayant la direction nord-est sud-ouest.

Ces deux filons sont le *filon du Bosviel*, et, à l'ouest de celui-ci, le *filon du Bois-de-Petit*.

On peut ainsi regarder le champ métallifère comme divisé en trois grands districts : le premier, depuis sa limite à l'est jusqu'au filon croiseur du Bosviel; son étendue, dans le sens est-ouest, est à peu près de 550 mètres;

Le deuxième district, entre le filon croiseur du Bosviel et le filon croiseur du Bois-de-Petit; son étendue, dans le sens est-ouest, est à peu près de 450 mètres;

Le troisième enfin, entre ce dernier filon et le barrage du sud; son étendue, dans le sens est-ouest, est à peu près de 500 mètres.

Dans le premier district, on a reconnu par des travaux intérieurs le filon du Bosviel, depuis son affleurement jusqu'à son intersection avec les filons principaux; aucun autre travail intérieur n'a encore permis de constater l'existence de filons de ce côté; mais la surface de tout ce district est traversée par de nombreux affleurements qui s'annoncent comme le prolongement des filons principaux; des travaux faits sur ces affleurements ont fourni du minerai, et il y a certainement grande probabilité de retrouver ici un gisement analogue à celui de la partie ouest du champ d'exploitation.

Dans le deuxième district, à partir du filon du Bosviel jusqu'au filon du Bois-de-Petit, on a reconnu les trois filons principaux par des travaux intérieurs.

Le filon des Anciens marche avec quelques dérangements, depuis le point où il est croisé par le Bosviel jusqu'au filon du Bois-de-Petit. Au delà de cette intersection, il n'a pas encore été reconnu. Toute la longueur connue de ce filon se trouve donc dans le deuxième district.

Le filon des Avesnes part de même du filon du Bosviel; tout

près de ce filon, il traverse et rejette le filon des Anciens et se prolonge jusqu'au filon du Bois-de-Petit, par lequel il a été coupé. Au point où les travaux sont ouverts, cette intersection a eu lieu sans rejet, et le filon des Avesnes se prolonge au delà dans le troisième district.

Le filon de l'Espérance, situé entre les filons des Anciens et des Avesnes, n'est pas reconnu sur toute la longueur du deuxième district; on ne le connaît que sur une longueur de 130 mètres à l'est du filon du Bois-de-Petit. Le filon de l'Espérance a été coupé et rejeté par le filon du Bois-de-Petit ; on a retrouvé et poursuivi son prolongement au delà du Bois-de-Petit, dans le troisième district.

On peut se demander si le filon de l'Espérance est une branche de l'un de ces filons entre lesquels il se trouve placé, ou bien si c'est un filon à part. Il me paraît probable que le filon de l'Espérance est un filon à part, contemporain du filon des Anciens, plus ancien que celui des Avesnes. Je présume qu'il a été coupé et rejeté par le filon des Avesnes, et le prolongement de la galerie du Bosviel vers le sud-ouest le rencontrera probablement[1].

Dans le troisième district, compris entre le filon du Bois-de-Petit et le barrage du sud, on connaît le filon de l'Espérance en partant du filon du Bois-de-Petit jusqu'à un brouillage connu

(1) L'opinion que je viens d'émettre est basée sur les considérations suivantes : le filon de l'Espérance a à peu près la même direction et la même inclinaison que le filon des Anciens ; il a aussi à peu près le même remplissage ; la baryte est plus abondante dans le filon des Anciens ; mais elle se trouve aussi dans le filon de l'Espérance ; enfin l'un et l'autre filon ont été coupés et rejetés par le filon du Bois-de-Petit. On peut objecter contre cette idée que les travaux dans le filon des Avesnes auraient déjà dû rencontrer le croisement avec le filon de l'Espérance ; mais une objection analogue pourrait être adressée à l'idée de regarder le filon de l'Espérance comme une branche d'un autre filon. Ce qui impose plus de réserve à mon opinion, c'est l'incertitude qui plane encore sur tout ce qui entoure le filon du Bois-de-Petit.

sous le nom du Bloc ; on l'a même reconnu au delà, pas loin du barrage du sud.

Le filon des Anciens n'est pas connu dans ce district ; mais le filon des Avesnes, en se divisant en plusieurs branches et en subissant plusieurs dérangements par des failles, le traverse tout entier depuis le filon du Bois-de-Petit jusqu'au brouillage du Bloc, au delà duquel il n'a pas été reconnu d'une manière positive.

Ainsi, dans le champ métallifère on connaît jusqu'à présent cinq filons, dont trois pourraient bien s'étendre sur toute la longueur de l'espace compris entre le barrage du nord et le barrage du sud ; ces trois filons, approximativement parallèles, se croisent cependant et se rejettent; l'un d'eux, le filon des Avesnes, différent du reste des deux autres par l'inclinaison, est plus moderne que le filon des Anciens, et probablement aussi que celui de l'Espérance. Les deux autres filons, approximativement parallèles entre eux, coupent les premiers, et sont par suite encore plus modernes que le filon des Avesnes. Ces intersections des filons ont eu lieu avec glissement; il en est résulté des rejets, et probablement on leur doit aussi les failles qui dérangent l'allure des filons principaux dans le deuxième district.

Tous ces filons se trouvent dans la partie ouest et nord-ouest du champ d'exploitation; les parties est et sud-est sont encore intactes ou à peu près.

§ 2. Ensemble des travaux par lesquels on est entré dans le champ d'exploitation.

En dehors des fouilles de peu d'importance faites en partant des divers affleurements, les travaux ont été attaqués par les points suivants :

Les anciens sont venus du côté du sud, ont traversé le brouillage du Bloc, dont il a déjà été question, et ont exploité principalement les veines différentes dans lesquelles paraît se partager dans cette partie de la mine le filon des Avesnes (dites, de ce côté-ci, les filons de la Picadière). Ils sont de même entrés par les affleurements dans la partie supérieure du Bosviel et en ont retiré beaucoup de minerai.

Dans les temps modernes on est entré dans les filons par trois percements situés à des niveaux assez différents. Le percement le plus élevé, pratiqué avant les autres, est le percement ou la galerie du Colombert; cette galerie, allant du nord au sud, et située dans la partie ouest du deuxième district, a traversé les trois filons principaux, et a donné lieu à des galeries poussées sur ces trois filons vers l'ouest et vers l'est.

Plus tard, on a attaqué les filons à un niveau inférieur par la galerie dite le *percement Villemeureux*, situé dans la partie est du deuxième district. Cette galerie a ouvert le champ d'exploitation du côté du Bosviel, et a permis d'établir les travaux inférieurs des deuxième et troisième districts; elle aurait pu entrer dans le premier district, mais les travaux de recherche n'ont pas été poussés par là.

Une attaque ultérieure a été faite dans la même région où se trouve le percement Villemeureux : c'est le *percement Chapelle*, qui rend abordables en profondeur les mêmes travaux que dessert, à un niveau supérieur, le percement Villemeureux.

On a essayé d'entrer encore dans les travaux par un niveau inférieur de beaucoup au percement Chapelle : le *percement Fauconnier*, correspondant, dans la vallée du Luech, au point le plus bas qu'on puisse avoir en vue pour longtemps, est dirigé de manière non-seulement à desservir en profondeur les travaux ouverts jusqu'à présent dans les parties supérieures, mais encore à aborder le prolongement des filons principaux dans le premier district. Ce travail est encore à son commencement.

La partie des travaux des anciens qui se trouve dans la partie sud-ouest du champ d'exploitation est tout à fait indépendante des travaux modernes; on y est revenu pour glaner ce que les anciens ont laissé; mais on se sert à cet effet exclusivement des galeries de roulage et d'écoulement modernes. Ce glanage donne de très bons résultats, et, sous ce point de vue, cette partie de la mine a une grande importance : il y a à glaner partout, à ce qu'il paraît, où les anciens ont passé; mais, pour se faire une idée nette de la disposition actuelle de la mine, on doit cependant laisser de côté ces travaux, et on peut alors diviser la mine en quatre étages superposés.

L'étage supérieur, ou premier étage, comprendra tout ce qu'il y a au-dessus du percement du Colombert.

Le deuxième étage comprendra tout ce qu'il y a au-dessus du percement Villemeureux jusqu'au niveau du percement du Colombert, ce qui représente en moyenne une hauteur verticale de 30 mètres.

Le troisième étage comprendra tout ce qu'il y a au-dessus du percement Chapelle jusqu'au niveau du percement Villemeureux, ce qui représente une hauteur verticale de 40 mètres.

Enfin, le quatrième étage comprendra tout ce qu'il y a au-dessus du percement Fauconnier jusqu'au niveau du percement Chapelle; la hauteur verticale de cet étage est de 72 mètres.

J'examinerai maintenant d'une manière rapide les travaux exécutés dans chaque filon en passant par tous les étages où l'exploration a pénétré.

§ 3. Travaux exécutés dans le filon des Anciens.

Filon des Anciens. — Direction est-sud-est ouest-nord-ouest, inclinaison vers le sud, s'approchant de la verticale; gangue tantôt barytique, tantôt quartzeuse; le filon est plus productif là où la gangue est quartzeuse; les épontes sont assez caractérisées sur une grande partie de la longueur. Puissance moyenne du filon : $1^m,80$.

Les travaux, dans ce filon, sont tous compris dans le deuxième district, c'est-à-dire depuis le filon du Bosviel jusqu'au filon du Bois-de-Petit; l'un et l'autre de ces filons ont coupé et rejeté le filon des Anciens, et les continuations n'ont pas encore été cherchées.

Il y a des travaux dans trois étages.

Premier étage. Point de départ des travaux, le percement du Colombert; on y a poussé une galerie à l'est sur 385 mètres de longueur, et on a été arrêté à cette distance par une faille qui a rejeté le filon. Dans cette partie ainsi ouverte au premier étage, on a laissé beaucoup plus de minerai qu'on n'en a pris. On est encore entré à l'est dans le premier étage du filon, du côté du percement Villemeureux; on y a prolongé, en venant du deuxième étage, les kasths Solberge. Le prolongement ouest de ces kasths conduira nécessairement dans les travaux abordés par le percement du Colombert; mais on fera bien de s'assurer d'avance de la nature de cette partie du filon, et, si elle est assez riche, on pourra immédiatement y établir des chantiers d'exploitation.

La galerie à l'ouest du percement du Colombert est venue donner, après un trajet très court, sur le filon du Bois-de-Petit et y a été arrêtée. Il conviendrait de chercher le filon des Anciens au delà de ce filon croiseur.

Au *deuxième étage*, une galerie de roulage, dite *galerie Solberge*, traverse, à fort peu de chose près, toute la longueur comprise entre le filon du Bosviel et le filon du Bois-de-Petit : elle a été pratiquée en partant du filon des Avesnes, tout près du Bosviel, au fond du deuxième étage, et a donné lieu à de riches exploitations. Une belle partie de cet étage est parfaitement aménagée et peut être exploitée immédiatement.

Le *troisième étage* est encore intact, sauf une galerie de 50 mètres de longueur pratiquée en partant du filon des Avesnes, dans le voisinage immédiat du Bosviel et au niveau du percement Chapelle. On s'est arrêté par suite de mauvais air.

Il y a, dans ce filon, actuellement neuf ouvriers occupés dans les kasths Solberge. (Deuxième et premier étages.)

§ 4. Travaux exécutés dans le filon des Avesnes.

Filon des Avesnes. — Direction est-ouest : inclinaison vers le nord, devient verticale dans la partie ouest; gangue quartzeuse, rarement barytique; le filon adhère aux épontes; puissance moyenne $1^m,80$.

Ce filon est connu depuis le filon du Bosviel, qui le croise et le rejette, jusqu'au brouillage du Bloc situé près du barrage du sud; ce sont, sans doute, les prolongements et branches de ce filon (les filons de la Picadière) qui ont été exploités par les anciens.

Il y a des travaux dans trois étages.

Au *premier étage*, on est entré dans le filon par le percement du Colombert; on a pratiqué une galerie vers l'est à 250 mètres de longueur (ancienne galerie des Avesnes); à cette distance on a été arrêté au mur d'une faille. On a enlevé beaucoup de minerai dans cette partie du filon. Le prolongement du filon a été retrouvé au toit de la faille par les kasths Villemeureux qui, en venant du deuxième étage, sont entrés dans le premier. De ce côté, il y a apparence qu'il y a encore beaucoup à prendre jusqu'aux affleurements.

Du même percement du Colombert on a poussé une galerie à l'ouest (galerie des Trois-Postes), sur une longueur de 120 mètres, sans y faire aucun autre travail d'aménagement; on a rencontré dans cette galerie peu de minerai, ce qui fait croire qu'on a perdu le filon; on tâche de le retrouver par des traverses. On a arrêté, en ce point, les travaux d'avancement; mais on a exploité le prolongement du filon du côté ouest en y entrant par des traverses venant du filon de l'Espérance (situé au nord du filon des Avesnes). La galerie venant de l'ouest, et nommée, sur la majeure partie de sa longueur, la galerie Sainte-Barbe[1], s'est approchée des travaux est au point qu'elle n'est séparée que par un massif de 80 mètres de la galerie des Trois-Postes.

Dans cette partie les travaux du filon offrent un grand

(1) La partie ouest de cette galerie s'appelle la galerie Geldmacher.

intérêt : c'est le point riche des exploitations actuelles. A 26 mètres en amont de la galerie Sainte-Barbe, il y a une galerie importante, la galerie Bertrand, qui part du puits Rochette, pratiqué au point où le filon des Avesnes est coupé par le filon du Bois-de-Petit, et qui s'étend de là vers l'ouest à 170 mètres de longueur jusqu'à une faille qui a rejeté le filon. Tout ce qui se trouvait au-dessous du sol de la galerie Bertrand, jusqu'à la galerie Sainte-Barbe, a été enlevé. En amont de la galerie Bertrand, il y a une partie des travaux qu'on appelle les kasths de l'Espérance; il y a encore beaucoup à prendre. Au delà de la faille on a trouvé le filon partagé en trois branches qu'on exploite par trois galeries : la galerie rétrograde, la galerie parallèle située au sud de la précédente, et une troisième galerie située au nord des deux autres. Les travaux très productifs qui se font de ce côté s'appellent les kasths du puits de l'Ane : il y a encore à enlever en amont du niveau de la galerie Bertrand.

Ces travaux conduisent, à l'ouest, aux travaux des Anciens qui, au niveau de la galerie Sainte-Barbe, ont exploité toute la partie située entre la faille et le puits du Bloc, où le filon des Avesnes paraît se confondre avec le filon de l'Espérance. Les anciens paraissent avoir exploité ici le filon en trois branches : deux de ces branches, au moins, pourraient bien correspondre à la veine de la galerie rétrograde et à la veine située au nord de celle-ci. On fait un glanage très-productif dans tous les travaux des anciens.

Au delà du puits au Bloc on ne sait rien de positif sur le filon des Avesnes; on croit qu'il a été rejeté par une faille; le glanage dans les travaux des Anciens finira par éclaircir cette question.

Au *deuxième étage*, le filon des Avesnes offre encore un vaste champ à l'exploration et à l'exploitation. On y a poussé une galerie dite la galerie Villemeureux, en partant du filon du Bosviel au niveau du percement Villemeureux; cette galerie a

350 mètres de longueur, et tout ce qu'on a traversé a été enlevé jusqu'à la hauteur du premier étage. Les travaux importants situés de ce côté sont les kasths Villemeureux, qui du deuxième étage sont montées dans le premier, comme on l'a dit ci-dessus (§ 2) et plus à l'ouest les petites kasths Mazoyer, établies au mur de la faille qui avait interrompu au premier étage les travaux partant du percement du Colombert et allant de là vers l'est (§ 2).

Bien plus à l'ouest, le filon des Avesnes a été ouvert au niveau du percement Villemeureux par une galerie dite galerie du Fond-du-Puits. Cette galerie s'approche à l'ouest jusqu'à une distance de quelques mètres du brouillage du Bloc; à l'est elle va jusqu'à l'intersection du filon des Avesnes avec le filon du Bois-de-Petit; la même galerie, en quittant le filon des Avesnes, se prolonge ensuite dans le filon du Bois-de-Petit jusqu'au point où il a coupé le filon des Anciens; là elle communique avec la galerie Solberge (§ 3), qui elle-même conduit au filon du Bosviel (galerie Villemeureux) et de là au percement Villemeureux : la longueur totale du chemin ainsi ouvert est de 1,700 mètres.

La galerie dans le filon des Avesnes passe au fond du puits Sainte Barbe n° 2 (à 22 mètres à l'ouest de l'intersection avec le filon du Bois-de-Petit), au fond du puits de l'Ane (à 160 mètres ouest du précédent), et enfin au fond du puits du Hibou (à 80 mètres ouest du précédent). Le filon s'est montré riche entre le puits Sainte-Barbe et le puits de l'Ane; entre les puits de l'Ane et du Hibou il y a eu des brouillages : ce point pourra devenir très intéressant; on y trouvera peut-être les trois branches riches exploitées dans les kasths du puits de l'Ane. Au delà du puits du Hibou, le filon ne s'est pas rencontré riche; il est possible qu'on ait perdu le filon au delà de la faille qui dans la hauteur sépare les kasths de l'Espérance de celles du puits de l'Ane.

Le *troisième étage* n'a été attaqué que du côté est, en partant du filon du Bosviel, au niveau du percement Chapelle. On y a pratiqué des travaux considérables, les kasths Chapelle, situées en même temps dans le filon des Anciens et le filon des Avesnes. Au delà on a cru suivre le filon par la galerie de la Grand'-Croix : ayant remarqué plus tard qu'on s'en écartait, on a pratiqué une traverse vers le nord et on a ainsi retrouvé le filon. Dans le point de rencontre on a établi une communication avec l'étage supérieur (la galerie Villemeureux au deuxième étage) au moyen des puits Nadal, et en marchant de là vers l'ouest, on a commencé à aménager le filon des Avesnes. L'un des deux puits Nadal, qui à eux deux réunis ont la hauteur totale de l'étage, est dans le filon. Le minerai est beau dans cette partie, et on peut espérer que le filon des Avesnes n'a pas dégénéré dans cette profondeur. Dans la galerie d'aménagement poussée vers l'ouest, la partie est cependant s'est montrée assez pauvre; il y a eu plus de minerai dans la partie ouest.

Il y a actuellement dix-neuf mineurs placés dans les kasths Villemeureux, onze dans les petites kasths Mazoyer, deux au fond du puits Nadal, quarante-deux dans les kasths du puits de l'Ane, et cinq dans les travaux des Anciens près du puits du Bloc : en tout soixante-dix-neuf ouvriers.

§ 5. Travaux exécutés dans le filon de l'Espérance.

Filon de l'Espérance. — Direction est-ouest; inclinaison vers le sud à 75° avec l'horizon, épontes souvent bien détachées; point de salbandes; gangue quartzeuse avec des géodes de carbonate de chaux et avec de la baryte. — Puissance très variable; en général peu de minerai.

Le filon a été attaqué au *premier étage* par le percement du Colombert. On a poussé au niveau de ce percement, sur 80 mètres de longueur, une galerie à l'est, dite galerie de l'Espérance; on y a trouvé du minerai sur toute la longueur, mais en faible quantité; on n'y a rien exploité. La galerie à l'ouest du percement porte aussi le nom de galerie de l'Espérance; elle y suit d'abord le filon sur 40 mètres de longueur sans y rencontrer beaucoup de minerai, et le perd ensuite sur 155 mètres de longueur, ou du moins elle passe dans un endroit où il n'y avait que fort peu de minerai, ce qui a porté à croire qu'on avait perdu le filon. A cette distance, c'est-à-dire à peu près à 200 mètres ouest du Colombert, la galerie a rencontré du minerai dans une branche que je suis porté à considérer, jusqu'à plus ample informé, comme le filon du Bois-de-Petit. La galerie de l'Espérance marche à partir de là dans le filon du Bois-de-Petit sur une longueur qui n'est pas exactement connue, mais qui pourrait bien être de 45 à 55 mètres ; puis elle retrouve le prolongement du filon de l'Espérance, rejeté par le filon du Bois-de-Petit; elle suit alors cette partie du filon de l'Espérance jusqu'au puits du Bloc, et même jusqu'à une trentaine de mètres au delà. La partie de la galerie de l'Espérance qui est située à l'ouest du Colombert a 670 mètres de longueur. On a rencontré peu de minerai dans cette partie du filon de l'Espérance; cependant on a pu y exploiter un petit nombre de massifs. La galerie de l'Espérance a servi de galerie de recherche pour arriver dans les travaux des anciens, et pour entrer dans la partie ouest du filon des Avesnes (voir ci-dessus, § 2). C'est ce qui explique qu'on l'ait poursuivie sur une si grande longueur de préférence à d'autres travaux.

Au *deuxième étage*, le filon de l'Espérance n'est connu que sur de petites longueurs dans les endroits où il est coupé par le filon du Bois-de-Petit.

Les travaux qui existent de ce côté ne permettent pas encore de se prononcer avec certitude sur les rapports qui lient en ce point les filons de l'Espérance, du Bois-de-Petit et des Avesnes.

Au *troisième étage*, il n'y a rien de fait.

Les seuls ouvriers qu'il y ait maintenant dans le filon de l'Espérance glanent, à l'ouest, dans les travaux des anciens; ce sont les mêmes ouvriers dont il a déjà été parlé sous la rubrique du filon des Avesnes (§ 4).

§ 6. Travaux exécutés dans le filon du Bosviel.

Filon du Bosviel. — Direction nord-nord-est sud-sud-ouest;

inclinaison vers le sud-est; gangue de quartz, épontes bien détachées sur la majeure partie reconnue du filon; le filon est blendeux vers le sud-ouest. Puissance, 1 mètre à $1^{m}.50$.

Il y a des travaux aux trois étages.

Premier étage. On y est entré par les affleurements; une galerie de 260 mètres de longueur est située à 20 mètres au-dessus du niveau du percement du Colombert; on a enlevé tout ce qui se trouvait dans ces 20 mètres.

A 32 mètres au-dessus du niveau de cette première galerie, il y en a une autre de la même longueur et débouchant aussi au jour; on y a enlevé beaucoup de minerai dans les travaux dits les *Grandes Kasths;* il en reste sans doute encore beaucoup dans cette partie et en amont-pendage.

Deuxième étage. Il y a une galerie au fond de cet étage, au niveau du percement Villemeureux; cette galerie, dite la galerie Villemeureux, a 460 mètres de longueur jusqu'au point où le filon du Bosviel a coupé et rejeté le filon des Avesnes, et elle se prolonge de 100 mètres au delà de ce point.

Si l'on marche dans cette galerie du nord-est au sud-ouest, c'est-à-dire en partant du point où la galerie est rencontrée par le percement Villemeureux, on se trouve sur une longueur de 290 mètres au-dessous de remblais; toute cette partie de la mine a été exploitée sur toute la hauteur du deuxième étage et à 20 mètres en amont; plus loin, on a en amont de la galerie un massif intact dans toute la hauteur du deuxième étage sur une longueur de 50 mètres à peu près; puis, enfin, on se trouve sous les kasths Villemeureux, qui en s'étendant de là sur une longueur de 120 mètres, viennent se confondre avec les travaux du filon des Avesnes.

Dans le prolongement de 100 mètres de la galerie Villemeureux au delà du croisement du Bosviel, les anciens n'ont pas trouvé, à ce qu'il paraît, assez de minerai pour continuer les travaux; dans les temps récents, on n'y est pas entré.

Dans le *troisième étage*, on a poussé au fond de l'étage une galerie, dite *galerie Chapelle*, ayant une longueur de 450 mètres jusqu'au croisement du filon du Bosviel avec le filon des Avesnes, et, en outre, une longueur de 90 mètres au delà du croisement; longueur totale, 540 mètres.

A 35 mètres au-dessus de cette galerie on en a pratiqué une autre de 360 mètres de longueur s'arrêtant à 80 mètres avant le croisement. Le massif compris entre cette galerie et le deuxième étage a été exploré par trois cheminées, mais on n'y a pas établi de chantier d'abatage. Probablement le minerai n'était pas assez riche.

Le massif directement en amont de la galerie Chapelle a été exploré par plusieurs galeries, et on y a établi plusieurs travaux dont les plus importants sont, au nord-est du croisement du filon des Avesnes, les kasths Philippe, est et ouest, et au sud-ouest de ce croisement jusqu'au point où le prolongement du Bosviel rencontre et croise le filon des Anciens, les kasths de Semble. — Dans le prolongement de la galerie Chapelle, au delà de ce dernier croisement, le minerai était pauvre.

On a foncé deux puits, le puits Carrette et le puits des Poulies, en partant de la galerie Chapelle dans l'aval-pendage du troisième étage, c'est-à-dire dans le quatrième étage. Ces puits suivent le filon; l'un et l'autre ont atteint une profondeur de 15 mètres et ont rencontré de beau minerai, à ce qu'on assure; ils ont été abandonnés par suite d'abondance d'eau.

Depuis longtemps il n'y a plus un seul ouvrier dans le filon du Bosviel.

§ 7. Travaux exécutés dans le filon du Bois-de-Petit.

Filon du Bois-de-Petit. — Direction nord-est sud-ouest: inclinaison vers le sud-est. Ce filon, connu seulement sur une faible longueur par les travaux intérieurs, très visible à son affleurement, coupe d'abord le filon des Anciens à 25 mètres à l'ouest du percement du Colombert; puis il entre dans le massif incomplètement exploré où il rencontre les filons de l'Espérance et des Avesnes, et s'étend ensuite au delà vers le sud-ouest.

Au *premier étage*, il y a une galerie au niveau du percement du Colombert, partant du puits Rochette, c'est-à-dire du point où le filon du Bois-de-Petit coupe le filon des Avesnes ; il s'étend à 60 mètres au sud-ouest, où il n'y a pas eu beaucoup de minerai, et à 25 mètres au nord-est : c'est dans cette partie que se trouvent les kasths de l'Espérance, qui, de là, se prolongent dans le filon des Avesnes (§ 4).

Au *deuxième étage*, il y a, au niveau du percement Villemeureux, une galerie de 135 mètres de longueur, partant du point où ce filon coupe le filon des Anciens, et allant jusqu'à l'intersection avec le filon de l'Espérance. Près de ce dernier point on a traversé une colonne de minerai de 15 à 20 mètres de longueur, mais on n'y a fait aucun travail.

Il n'y a aucun ouvrier employé dans le filon du Bois-de-Petit.

Avant de quitter cette partie de mon travail, je dois tout autant à moi-même qu'aux personnes qui pourraient être d'un avis différent du mien, de déclarer que j'ai adopté, en ce qui concerne le filon du Bois-de-Petit, l'opinion qui se prête le mieux à exposer l'ensemble du gisement et des travaux; je ne prétends nullement que cette opinion ne puisse être renversée par le résultat des travaux ultérieurs.

Pour indiquer les travaux à exécuter à l'avenir dans les mines de Vialas, je reprendrai le même chemin que j'ai suivi pour la description de l'état actuel de la mine.

§ 8. Travaux à exécuter dans le filon des Anciens.

Filon des Anciens. — Au *premier étage*, à l'est du percement du Colombert, on devra profiter des travaux d'aménagement déjà faits pour s'assurer de la nature du filon; si le minerai restant encore de ce côté mérite d'être exploité, on pourra l'enlever par des chantiers particuliers au lieu d'attendre que les kasths Solberge y pénètrent.

A l'ouest du percement du Colombert on aura à chercher le prolongement du filon des Anciens au delà du croisement du filon du Bois-de-Petit ; à cet effet, on entrera dans ce dernier filon et on le suivra des deux côtés ; on retrouvera probablement le filon en marchant vers le sud-ouest. Ce travail n'occasionnera aucune dépense particulière, car il faudra en tout cas explorer le filon du Bois-de-Petit.

Au *deuxième étage* il y a un massif considérable à abattre : les travaux sont aménagés entre le puits des Anciens, le puits Neptune et le puits Dolomiéu. On aurait pu espérer de trouver dans la galerie du Bois-de-Petit le prolongement du filon des Anciens, au delà de l'intersection par le filon du Bois-de-Petit ; mais on ne l'a pas encore reconnu. On devra porter son attention sur ce point. Au pis aller, on sera peut-être plus heureux à un autre niveau. On ne peut guère admettre que le filon des Anciens ne soit qu'un embranchement du filon du Bois-de-Petit, et qu'il s'arrête à celui-ci.

Le *troisième étage* est à reconnaître et à aménager immédiatement. A cet effet on pourra rentrer, à un moment où l'aérage est plus fort qu'à l'ordinaire, dans la galerie inférieure abandonnée à cause du manque d'air, et y pousser une cheminée vers le deuxième étage; ou bien encore, si l'on ne peut entrer dans la galerie inférieure, on pourra foncer un puits du deuxième au troisième étage. En même temps on foncera du deuxième étage plusieurs puits vers la partie inférieure, et on établira, si le filon se montre beau, une galerie de communication entre les fonds des puits et la cheminée. On continuera la galerie Chapelle au fond du troisième étage, et on se procurera à chaque distance l'air nécessaire en établissant la communication avec le puits superposé.

On pourra abréger et faciliter ces travaux par des travaux

de recherche venant du côté du filon des Avesnes ; c'est ainsi qu'on pourrait, par exemple, prolonger vers le filon des Anciens la traverse dite de la Grand'Croix, passant au fond des puits Nadal.

§ 9. Travaux à exécuter dans le filon des Avesnes.

Filon des Avesnes. — Premier étage. A l'est du Colombert il y a identiquement le même travail à faire que pour le filon des Anciens : continuer l'exploitation par les kasths situées à l'est de la faille et venant du deuxième étage (les kasths Villemeureux), et en même temps profiter des travaux d'aménagement situés plus près du percement du Colombert.

Dans la partie ouest, cet étage du filon des Avesnes présente le meilleur aspect. Inutile de dire qu'on devra y continuer les travaux dans les kasths du puits de l'Ane, ouverts par la galerie rétrograde et les deux galeries parallèles ; on continuera de même, plus à l'ouest encore, à glaner dans les travaux des Anciens.

Entre la partie est et la partie ouest, il y a un massif presque tout à fait inconnu ; on y entrera, d'une part, par le prolongement nord d'une traverse venant de la galerie des Trois-Postes, de l'autre, par le prolongement de la galerie Sainte-Barbe.

En ce qui concerne la galerie des Trois-Postes elle-même, je crois qu'il convient de sonder un peu l'amont-pendage, et si le minerai ne s'y montre pas digne d'être exploité, il faudra abandonner momentanément la galerie. Son prolongement n'aurait d'autre utilité que de servir comme travail de recherche ; or, il sera plus avantageux de pousser en avant, pour faire des recherches de ce côté, le percement du Colombert, qui peut-être conduira, après un faible parcours, à un filon reconnu et partiellement exploité par ses affleurements, le *filon des Combes*.

Deuxième étage. Dans la région est, on avancera la galerie Villemeureux, tout en continuant l'exploitation des petites kasths Mazoyer. Il y a lieu d'espérer qu'on rencontrera de ce côté beaucoup de minerai qu'on pourra immédiatement aménager et abattre. Aucun travail n'est plus pressé que celui d'opérer la jonction de la galerie Villemeureux avec la galerie du Fond-du-Puits. On attaquera les travaux du côté est près des petites kasths Mazoyer, comme on vient de le dire. On attaquera de même à l'ouest, par la galerie dite du Fond-du-Puits; et si le minerai se montre aussi riche qu'on est fondé à l'espérer, on pourra encore y entrer par un puits foncé dans le minerai au point où la galerie des Trois-Postes paraît quitter le minerai (à 40 mètres ouest du Colombert). Ce puits, et les travaux pratiqués à partir du puits, donneront lieu à des dépenses d'épuisement et d'extraction; mais l'importance de ces travaux est tout à fait majeure : tout en ouvrant de ce côté-ci le filon au deuxième étage, ils donnent en même temps le moyen d'entrer plus vite dans le troisième étage, comme on le verra tantôt.

A l'ouest, les travaux à exécuter donneront une récolte encore plus immédiate ; tout le massif du deuxième étage est aménagé, depuis le puits Sainte-Barbe n° 1 jusqu'au puits du Hibou, sur une longueur de 270 mètres ; une partie s'est montrée très riche ; la voie de roulage est ouverte : il ne s'agit que d'abattre.

Le filon des Avesnes s'est encore montré riche dans le *troisième étage;* on a commencé à l'aménager dans la partie est au moyen de galeries partant du puits Nadal. C'est encore un travail où, au besoin, les travaux d'exploration, d'aménagement et d'abatage pourraient presque marcher de front.

En même temps qu'on poussera ces galeries tant à l'ouest qu'à l'est, on foncera du deuxième étage un puits du point le plus avancé de la galerie Villemeureux, et on se procurera ainsi de l'air pour les travaux inférieurs. Si le puits arrive au fond avant que la galerie venant du puits Nadal y soit arrivée, on poussera les travaux dans les deux sens. On a dit ci-dessus qu'il convient de percer un puits dans la galerie des Trois-Postes pour ouvrir de ce côté le deuxième étage du filon des Avesnes. Dès que ce point sera mis en communication, à l'ouest, avec la galerie du Fond-du-Puits par les travaux poussés des deux côtés, on percera à la verticale du même puits, ou bien à l'est de cette verticale, un puits dans le troisième étage. A partir de ce moment, on foncera un système analogue de puits sur toute la ligne de la galerie du Fond-du-Puits, puis on établira la communication au moyen de tailles et contre-tailles.

§ 10. Travaux à exécuter dans le filon de l'Espérance.

Filon de l'Espérance. — Premier étage. On devra sonder les travaux à l'est du percement du Colombert. Si le minerai s'y présente bien, on continuera la galerie de l'Espérance vers l'est, et en même temps on aménagera les travaux supérieurs.

A l'ouest, sur la longueur où la galerie est dans le filon, on devra sonder celui-ci. En ce qui concerne la partie où la galerie quitte le filon, on pourra bien le chercher par des traverses, mais on pourra aussi attendre le résultat des travaux à faire dans le filon du Bois-de-Petit, qui probablement fourniront des renseignements à cet égard.

Au *deuxième étage,* les travaux devront aussi se limiter provisoirement au district du filon de l'Espérance, qui avoisine le filon du Bois-de-Petit. Toutefois, en poussant des travaux de la galerie du Fond-du-Puits (filon des Avesnes) pour reconnaître le champ d'exploitation, on prolongera l'un ou l'autre jusqu'au filon de l'Espérance, qu'on reconnaîtra ensuite par quelques bouts de galeries pratiqués des deux côtés de la traverse.

Au *troisième étage,* il n'y a encore rien à faire dans ce filon.

§ 11. Travaux à exécuter dans le filon du Bosviel.

Filon du Bosviel. — Ce filon est aménagé sur toute la hauteur des trois étages; en quelques endroits, toutefois, et tout près des points où il y a eu de grandes exploitations, on a abandonné les travaux et interrompu même les galeries d'allongement. Il y aura sans doute encore beaucoup à glaner dans ce filon.

Il convient de reprendre au *premier étage* les travaux dans les grandes kasths; à explorer, au *deuxième étage,* le massif qui limite les kasths Villemeureux au nord-est. Il n'est pas probable que la partie du filon du Bosviel comprise entre les intersections du filon des Avesnes et du filon des Anciens, c'est-à-dire la même partie qui, au troisième étage, contient les kasths de Semble, soit, au deuxième étage, pauvre au point de ne pas mériter l'exploitation; il y aurait lieu de faire des recherches à cet égard.

Au *troisième étage*, la partie supérieure est aménagée et abandonnée; il y aurait à se rendre compte du motif de cet abandon avant de l'adopter comme chose définitive. Dans la partie inférieure de ce même étage enfin, il y aura à faire un examen analogue.

Les travaux du filon du Bosviel seront à prolonger vers le sud-ouest. Il convient de faire un prolongement au niveau de la galerie Chapelle, plutôt que dans un autre étage, par plusieurs motifs et particulièrement parce que c'est là qu'on a reconnu du minerai. Ce prolongement servira en même temps comme galerie de recherche.

§ 12. Travaux à exécuter dans le filon du Bois-de-Petit.

Le *filon du Bois-de-Petit.* — A explorer dans toutes ses parties au premier et au deuxième étage. S'il se montre riche dans le deuxième étage, on ouvrira le troisième étage en même temps que celui du filon des Avesnes.

§ 13. Richesse en profondeur des mines de Vialas.

Je pense que les mines de Vialas, dans leur état actuel, pourraient bien entretenir la consommation telle qu'elle est aujourd'hui, pendant cinq ans, sans exiger des travaux d'aménagement autres que ceux qui existent aujourd'hui. En faisant les travaux d'aménagement que j'ai indiqués dans ce qui précède, les mêmes mines fourniront peut-être pour dix ans de plus.

Ainsi, on pourrait marcher sans grande dépense pendant quinze ans avec quelque certitude d'obtenir toujours un bon rendement de la mine; mais où en serait-on au bout de ces quinze ans? — Au bout de quinze ans, il faudrait prendre dans la profondeur, et pour pouvoir y prendre, il ne suffit pas qu'il y ait du minerai, il faut encore qu'il soit aménagé.

Mais, d'abord, y a-t-il probabilité de trouver du minerai dans la profondeur ?

On sait qu'en général le minerai continue en profondeur, au moins jusqu'à une certaine distance qui dépasse la profondeur connue des mines de Vialas. Quelquefois les filons s'enrichissent en profondeur; plus rarement ils s'appauvrissent; quelquefois, tout en restant métallifères, ils changent de composition. C'est ainsi que la blende vient, dans quelques mines, remplacer en profondeur la galène.

En regardant, en particulier, les filons de Vialas, on remarque ce qui suit. L'un des deux puits Nadal et la galerie qui en part (entre les deuxième et troisième étages du filon des Avesnes), sont dans le minerai. Les kasths Chapelle, les kasths de Semble, dans le troisième étage du filon du Bosviel, ont fourni une riche exploitation; on assure avoir trouvé de beau minerai dans le puits Carrette et le puits des Poulies, entrant tous les deux de 15 mètres dans le quatrième étage. Ainsi, dans les points les plus profonds qu'on connaisse de la mine, il y a eu du minerai; mais, d'un autre côté cependant, il faut le dire, on a trouvé moins de minerai au pied des puits de l'Ane et du Hibou qu'à leur sommet, et nulle part, dans la profondeur, je n'ai pu remarquer un gisement aussi riche que celui des kasths du puits de l'Ane.

Du reste, les travaux des mines de Vialas ne permettent pas encore d'établir une règle pour ces filons; la profondeur actuelle des travaux est encore de trop peu d'importance pour qu'on puisse en tirer une conclusion. Tout ce qu'on peut dire, c'est que les observations faites jusqu'à présent dans la mine confirment plutôt qu'elles ne contredisent la règle générale de la continuation du minerai en profondeur.

On doit donc admettre que les mines de Vialas contiennent

encore des richesses au-dessous du niveau actuellement exploité. Il reste à savoir comment on doit y pénétrer.

§ 14. Moyens d'exploiter les mines de Vialas au-dessous des travaux actuels.

Deux moyens se présentent : foncer des puits du troisième étage à 20 mètres de profondeur, y établir une galerie d'allongement, aménager et exploiter cet étage en se servant de machines d'extraction et d'épuisement ; puis, dans l'avenir, recourir à la galerie Fauconnier ;

Ou bien pousser dès à présent la galerie Fauconnier, qui ouvrira un massif intact de 72 mètres de hauteur, et créera immédiatement un avenir à perte de vue, à moins que, contre tout espoir légitime, les filons ne deviennent stériles en profondeur.

Dans le premier cas, on entrera plus facilement dans le minerai du quatrième étage ; on pourra encore retarder, pendant quelques années, le commencement de ces travaux d'aménagement ; mais on aura, pendant toute l'exploitation de cet étage, tous les frais d'extraction et d'épuisement qu'occasionne l'emploi des machines à vapeur.

Dans l'autre cas, les travaux seront à commencer dès à présent ; ils seront plus longs ; ils seront peut-être plus coûteux ; mais une fois qu'ils seront achevés, l'extraction du minerai et l'écoulement de l'eau se feront par des galeries venant au jour, et on aura ensuite toute facilité pour aménager le filon dans toute son étendue de 72 mètres de hauteur. Ces avantages seraient suffisants pour décider la question, quand même ils seraient seuls ; mais il y a encore un autre avantage attaché à l'exécution de la galerie Fauconnier : c'est la facilité offerte par cette galerie de reconnaître le prolongement des filons principaux à l'est du filon du Bosviel.

Ainsi, la manière dont la question devrait être résolue ne me paraît pas douteuse ; mais, je le répète, l'exécution du plan d'opérations à suivre exigera beaucoup de temps, si l'on ne veut pas se lancer dans de grandes dépenses, et il faudra se mettre à l'œuvre dès à présent.

Les travaux à faire consistent en ce qui suit :

Avancer la galerie Fauconnier jusque dans le district du prolongement des filons principaux.

Pousser de là une traverse pour reconnaître ces filons, et de préférence celui des filons qui se trouve le plus au nord, c'est-à-dire dans la moindre distance des travaux actuels.

Dès qu'on aura rencontré un filon, y établir une cheminée qu'on conduira jusqu'à 48 mètres de hauteur.

En même temps, on aura avancé le percement Chapelle jusque dans la région du même filon, dans lequel on aura à pratiquer la cheminée; on y aura établi un puits auquel on donnera une profondeur de 24 mètres. La communication entre la galerie Chapelle et la galerie Fauconnier sera alors établie au moyen d'une traverse réunissant le fond du puits au sommet de la cheminée.

Les travaux, ainsi disposés, et forcément échelonnés sur un certain nombre d'années, ne donneront lieu à aucune grande dépense; ils n'offriront d'autre difficulté que celle de l'aérage. Pour parer à cette difficulté, il faudra recourir à un ventilateur et conduire le vent dans l'intérieur de la mine au moyen de tuyaux en bois, ou mieux, et à peine plus cher, en tôle mince. En adoptant, dès le commencement, un ventilateur assez puissant, on se mettra à même de conduire les travaux d'avancement de front avec le travail de la cheminée, et on pourra ainsi, tout en marchant dans le filon qu'on aura reconnu, s'approcher du Bosviel et de la partie des filons principaux situés à l'ouest de ce filon.

Si, contre toute attente, le prolongement des filons principaux à l'est du Bosviel était stérile, la galerie Fauconnier serait encore un travail extrêmement utile; on ne ferait pas, dans ce cas, de cheminée à l'est du Bosviel, mais bien dans le Bosviel lui-même au point où la galerie devrait venir le couper.

En résumé, on pourra donc opérer d'après le plan suivant pour tirer de la mine ce que raisonnablement on peut en demander :

Enlever dans les trois années prochaines tout ce qui est maintenant aménagé ou ce qu'on peut aménager facilement;

Prendre dans les six années suivantes tout ce qui se trouvera encore au-dessus du sol du troisième étage.

Aménager jusqu'à cette époque une partie de l'étage inférieur et se trouver ainsi prêt à faire face à un long avenir.

CHAPITRE II.

PRÉPARATION MÉCANIQUE.

§ 15. Sommaire de la méthode actuelle de préparation mécanique.

Dans ce chapitre, traitant de la préparation mécanique, je suivrai un ordre analogue à celui adopté dans le chapitre précédent. Je parlerai d'abord de ce qui se fait maintenant; je dirai ensuite dans quel sens il convient d'opérer dans l'avenir.

Toutes les matières enlevées de la mine sortent actuellement par le percement Villemeureux, situé tout près du bord du Luech et à une vingtaine de mètres au-dessus de ce ruisseau. Le stérile qu'on sort de la mine est jeté dans le ruisseau, dont les crues balaient tout. Le minerai est déposé sur une place allongée, située à l'orifice de la galerie et de niveau avec le fond de cette galerie. A sa sortie de la mine, le minerai se trouve déjà séparé *en minerai massif* et *en menu*; on dépose séparément l'une et l'autre espèce. Le minerai menu est arrosé à la pelle avec un peu d'eau pour le débourber; on peut ensuite retirer une partie des *morceaux stériles* et une partie des *morceaux riches*; le restant est regardé comme *minerai pauvre*.

Le minerai massif est cassé par des femmes; puis on en retire, comme du menu, les *morceaux stériles* et les *morceaux riches*, et on regarde le restant comme *pauvre;* ou bien, si le stérile domine de beaucoup, on retire les morceaux métallifères et on regarde le restant comme stérile. Le stérile ne doit plus contenir trace de galène; il est rejeté après avoir subi l'examen du surveillant; le minerai pauvre est envoyé au bocard à eau; le minerai riche est envoyé au bocard à sec.

Le bocard à eau est disposé de manière à bocarder immédiatement très fin. Les sables et les schlamms entraînés par l'eau se déposent et se tassent dans les compartiments d'un labyrinthe qui laisse facilement écouler l'eau à la rivière. Repris dans le labyrinthe, les sables et schlamms sont lavés sur des tables à secousse, et y fournissent du *schlich de tables*, riche en galène, et une certaine quantité de schlich moins riche en galène, et nommé *pyrite* par suite de l'abondance de l'espèce minérale de ce nom.

Le minerai riche ne forme que trois pour cent de la quantité totale du minerai arrivant à la préparation mécanique; il est bocardé à sec, en grains qui doivent passer à travers une maille ayant 6 à 7 millimètres de côté; ce qui ne passe pas est bocardé de nouveau; ce qui passe est débourbé; le schlamm le plus fin s'en sépare ainsi et est recueilli dans un labyrinthe. On l'y reprend et le transmet à l'usine sans autre préparation mécanique : il constitue la *bourbe*. Les sables débourbés sont jetés sur une grille ayant un mouvement de va-et-vient (rætter) qui les sépare en trois grosseurs. Le plus fin, ayant traversé des mailles carrées de trois quarts de millimètre de côté, est traité dans un caisson (*Schlamm-graben*) où les matières sont exposées à un courant d'eau sur une espèce de plan incliné formé par le minerai lui-même. Les parcelles les plus légères, c'est-à-dire les parcelles stériles, sont entraînées; les autres restent dans le caisson. Les sables de deuxième grosseur qui ont passé par des orifices de 2 millimètres et demi de côté sont criblés à la cuve, où la différence du poids spécifique les sépare en trois classes. Les parcelles les plus lourdes sont bonnes pour la fusion, on les appelle *fin sec à fondre;* les parties moyennes ont à peu près la même composition que le minerai riche lui-même; on les renvoie au bocard à sec. Les parties les plus légères enfin ont la composition du minerai pauvre et sont traitées comme celui-ci, c'est-à-dire au bocard à eau. On traite de la même manière le sable de troisième grosseur ayant en moyenne de 2 millim. et demi à 6 millim. de diamètre.

En définitive, on livre le minerai enrichi à l'usine sous trois formes : à l'état de sable, de schlich et de bourbe. Le sable provient du criblage du minerai riche; le schlich provient du lavage du minerai pauvre sur les tables à secousse; les bourbes enfin proviennent du débourbage opéré sur le minerai après un bocardage. Ces trois matières sortent de l'atelier de préparation mécanique dans les proportions suivantes :

Sable dit criblé et raffiné.	7	pour 100
Schlich (y compris la partie dite pyrite). .	86	id.
Bourbes.	7	id.
Ou bien produits du minerai riche. . . .	14	id.
Idem pauvre. . . .	86	id.

§ 16. Inconvénients de la méthode actuelle de préparation mécanique.

La préparation mécanique qu'on vient d'esquisser est on ne peut plus simple, mais elle a des inconvénients.

En bocardant le minerai très fin, on réduit en poudre impalpable une partie de la galène. Dans cet état de finesse extrême, une partie de la galène quitte la table à secousse lors même que le sichertrog n'en accuse plus trace. En outre, si l'on parvenait à soustraire à l'action du courant d'eau les fines parcelles, on les perdrait dans le four à griller par l'entraînement du gaz, et aucune chambre à fumée ne parviendrait à les retenir complétement. Il convient donc de ne bocarder très fin que le minerai qui n'est susceptible d'aucun autre traitement.

Il faut convenir qu'une grande partie du minerai de Vialas se trouve dans ce cas; c'est un mélange intime de quartz et de galène, et lorsqu'on casse les morceaux, il arrive souvent que chaque petite parcelle offre encore le même aspect que le morceau primitif. Lorsque le cassage, continué jusqu'au point où le triage à la main et le criblage à la cuve deviennent impossibles, donne toujours des résultats analogues et que le minerai est, en outre, trop pauvre pour être passé en totalité à la fusion, il ne reste que le bocardage fin pour la séparation des gangues de la galène; mais ce n'est que pour de tels morceaux qu'on devrait y avoir recours.

En outre, s'il est vrai qu'une grande partie du minerai ne peut être livrée définitivement à la fusion qu'après avoir subi le bocardage fin et le lavage sur les tables à secousse, il ne me semble pas moins vrai qu'on pourrait au moins l'enrichir davantage avant de le transmettre au bocardage; la perte que subit la poussière de galène pendant le lavage est en un certain rapport avec la quantité de gangue qui s'y trouve mêlée; car, d'un côté, l'augmentation de la quantité d'eau à employer au lavage augmente la perte de parcelles fines, et, de l'autre côté, la gangue elle-même en entraîne à l'état de matière adhérente.

Cette dernière cause de perte devient très considérable lorsque les matières fines, comme cela se fait généralement, sont abandonnées pendant longtemps au tassage dans le labyrinthe. Quels que soient les appareils diviseurs qu'on place à la tête des tables à secousse, l'adhésion prévaut toujours et une partie des matières métallifères part pendant toute la durée du lavage, englobée et suspendue dans les matières stériles.

Ainsi, les inconvénients du système actuel se réduisent aux trois points suivants :

Perte de galène par entraînement au moyen de l'eau pendant les opérations du lavage ;

Perte de galène par adhésion aux matières légères qui s'en vont pendant le lavage ;

Enfin, perte de galène par entraînement au moyen du gaz dans les opérations métallurgiques.

§ 17. Perfectionnements à introduire dans la préparation mécanique. — Minerai pauvre.

Les améliorations qu'il convient d'adopter à Vialas pour la préparation mécanique doivent avoir pour but de passer une quantité moins considérable du minerai au bocardage fin, et d'enrichir davantage les parties de minerai qu'on est obligé d'y envoyer; enfin, de soumettre au lavage (sur les tables à secousse) le minerai bocardé fin avant qu'il ait eu le temps de se tasser.

Pour atteindre à ces améliorations, il y aura à prendre plusieurs mesures.

Le triage à la sortie de la mine se fait actuellement avec les plus grands soins, en ce sens qu'on ne rejette aucun morceau contenant trace de galène. Ce même soin devra être déployé pour empêcher qu'on envoie au bocard à eau ce qui peut aller au bocard à sec. A cet effet, on jettera le minerai fin, à sec, sur une grille ayant des mailles de 3 à 4 centimètres de côté. Il convient d'établir cette grille de manière à ce qu'on puisse y vider directement les wagons. Ce qui passe par les mailles de la grille sera envoyé à l'usine; le reste tombera sur des tables de triage. Il y sera aspergé d'eau et trié soigneusement à la main par des ouvriers spéciaux, ou mieux par des ouvrières. Le triage donnera du stérile, du bocard à sec, du bocard à eau[1] et du minerai à casser. J'admets qu'on regarde comme minerai à casser tous les morceaux ayant plus de 6 centimètres de diamètre, à moins que ces morceaux ne se laissent classer immédiatement dans le stérile ou le bocard à sec.

Le minerai cassé sera de nouveau jeté sur la grille, et donnera la même série de produits.

(1) Il conviendrait peut-être de faire deux classes de bocard à eau, l'une pour le minerai moyen et l'autre pour le minerai pauvre.

En ce qui concerne le minerai massif, on opérera de la manière suivante :

Cassage en morceaux de 6 centimètres de diamètre; aspersion d'eau et premier triage en stérile, bocard à sec et minerai à casser de nouveau; second cassage et passage du minerai à la grille, où on le traitera comme le minerai menu.

Je pense qu'un travail ainsi fait offrira des avantages sur le mode actuel d'opérer; l'augmentation de frais de main-d'œuvre sera largement compensée par la réduction de la perte de galène, et très probablement aussi par un enrichissement du schlich, ce qui réduira les frais de fusion. En tout cas, c'est un essai à faire.

On pourrait cependant opérer mieux en ce qui concerne le minerai menu, et ce sera là le mode à adopter dans le cas d'un remaniement de l'atelier de préparation mécanique. On enverra tout le menu à l'usine, et là, au lieu de le passer à sec sur la grille, on le débourbera à l'eau dans un trommel; l'eau de débourbage passera dans un labyrinthe ou dans des appareils plus perfectionnés dont il sera question tantôt. Les morceaux ayant moins de 3 à 4 centimètres de diamètre seront classés par le trommel en plusieurs grosseurs, et les morceaux de chaque grosseur seront ainsi séparés par le crible à secousse en stérile à rejeter, en minerai riche pour bocard à sec, et en minerai pauvre pour bocard à eau. — Les morceaux ayant plus de 3 à 4 centimètres de diamètre seront triés à la main comme ci-dessus; seulement ici le triage sera mieux fait, car le débourbage aura été plus complet. Le triage donnera du stérile à rejeter, du minerai riche pour bocard à sec, et enfin du minerai à casser; on n'y fera pas de classe de minerai à bocarder à eau. Les morceaux à casser seront passés sous un bocard à sec fournissant des morceaux de 3 à 4 centimètres de diamètre, ou bien entre des cylindres broyeurs; le produit du cassage retournera au trommel, et sera traité comme le minerai menu lui-même; seulement on y emploiera moins d'eau; on pourra peut-être même faire le classement à sec. En tout cas, si l'on emploie de l'eau, on fera passer l'eau schlammeuse dans des conduits particuliers; le schlamm sera beaucoup plus riche que celui du premier débourbage.

En ce qui concerne les bocards à eau eux-mêmes, il n'y a rien à y changer : ils sont bien établis et bien entretenus. Le travail de lavage sur les tables à secousse est aussi parfaitement fait; mais il convient de parer à l'inconvénient dont j'ai parlé ci-dessus, savoir au tassage du minerai dans les compartiments du labyrinthe. On introduira, à cet effet, le système connu sous le nom allemand de *spitzkasten.*

Les matières bocardées fin, entraînées par l'eau, au lieu de se déposer comme cela se fait maintemant dans le labyrinthe, se déposeront dans une série de boîtes ayant la forme de pyramides renversées, qui, par les sommets tronqués des pyramides, amèneront les divers sables et schlamms, chaque espèce séparément, sur les tables à secousse. On sera amené à faire travailler les tables jour et nuit lorsque, comme à l'ordinaire, les bocards continueront leur travail pendant les vingt-quatre heures; mais on pourra aussi facilement se passer du travail de nuit sans cependant exposer les schlamms à un tassage pareil à celui qu'ils subissent actuellement.

Le système de *Spitzkasten*, en dehors de l'avantage de réduire la perte de galène par adhésion aux matières légères entraînées, offre encore celui d'une grande économie de main-d'œuvre; on n'a pas à reprendre le schlamm dans le labyrinthe; et comme les matières sont bien délayées, le lavage se fait plus vite.

§ 18. Minerai riche. Le travail du minerai riche, tel qu'il se fait aujourd'hui, repose sur une bonne base; quand la quantité de minerai à soumettre à ce travail sera plus considérable, on le perfectionnera en maintenant à peu près les bases actuelles.

Il conviendra peut-être de substituer les cylindres broyeurs au bocard à sec. Il y aurait moins de galène réduite en poussière par les cylindres broyeurs que par le bocard; mais le minerai est très dur; le broyage entre les cylindres exigera une grande force et usera beaucoup de fonte. Je conseillerais, dans la construction d'un nouvel atelier, de prévoir le cas où l'on voudrait employer des cylindres broyeurs; mais je ne conseille pas, pour le moment, de faire des essais qui, par leur nature même, exigent une longue continuation pour donner des résultats définitifs, et qui, par suite, ne peuvent guère se faire avec une installation improvisée.

§ 19. Résumé sur les propositions faites pour l'amélioration de la préparation mécanique.

Dans les propositions que je viens d'émettre, il y en a qui sont susceptibles d'une exécution immédiate; d'autres exigeraient toute une réorganisation de la préparation mécanique. Après avoir fait sentir en détail les avantages de tous les changements que je propose, j'ai examiné le cas où l'on voudrait améliorer ce qui existe avec des changements peu considérables, et l'autre cas où l'on voudrait réorganiser tout l'atelier de manière à l'amener au point où en sont les usines les mieux établies. La tâche de l'ingénieur ne va pas au delà.

CHAPITRE III.

TRAITEMENT MÉTALLURGIQUE.

§ 20. Sommaire de la méthode suivie à Vialas pour le traitement métallurgique.

Le minerai enrichi par la préparation mécanique arrive dans l'usine, où il est grillé au four à réverbère et ensuite fondu au fourneau à manche. La fusion donne du plomb d'œuvre et des scories. Les scories sont partiellement repassées au fourneau jusqu'à ce qu'elles soient assez pauvres, et sont, en définitive, rejetées. Le plomb d'œuvre est coupellé dans le four de coupellation allemand, et donne de l'argent impur, des litharges rouges, des litharges jaunes et plusieurs matières accessoires.

L'argent impur est raffiné par une refonte avec un peu de quartz; il a ensuite le titre de 997 et est livré à la monnaie.

Les litharges rouges sont vendues.

Les litharges jaunes sont en partie vendues, en partie revivifiées pour plomb marchand.

Les matières accessoires, enfin, sont repassées avec le minerai dans le fourneau à manche.

Il n'y a rien à changer à la formule générale de ce procédé; mais, dans les détails, il y aura à réaliser plusieurs modifications.

§ 21. Considérations sur le grillage du minerai; améliorations proposées.

Grillage du minerai. Le but du grillage est de chasser le soufre du minerai. A cet effet, on y admet de l'air, qui change le sulfure de plomb (la galène) en oxyde de plomb et fait partir le soufre à l'état gazeux (acide sulfureux); mais en même temps une partie du sulfure de plomb se transforme en sulfate de plomb, et le soufre, à l'état d'acide sulfurique, se trouve dorénavant protégé contre l'action de l'air. On a alors recours à l'action de la silice, qui, sous la forme de quartz, se trouve mêlée au minerai. On amène la silice à se substituer à l'acide sulfurique; on obtient un silicate de plomb, tandis que l'acide sulfurique part à l'état de vapeur.

Ainsi, dans le grillage, on veut chasser le soufre en partie par l'action de l'air, en partie par l'action du quartz.

L'une et l'autre de ces réactions qu'on veut produire exigent l'intervention de la chaleur; la différence consiste en ce que la première a lieu à une température modérée, tandis que l'autre demande une température élevée. Cette différence est très importante; il en résulte que, lorsqu'à la fin d'une opération on a poussé la température dans le four à un degré élevé pour obtenir le silicate de plomb, il faut laisser tomber le feu et ouvrir les portes, afin que la chaleur se perde, avant d'y introduire la nouvelle charge qui doit subir l'action de l'air.

Cette circonstance, qui occasionne une grande déperdition de chaleur, a fait sentir depuis longtemps la convenance de faire les deux opérations séparément sur deux soles différentes du même four. On devra en faire autant à Vialas; il en résultera certainement une économie de combustible.

En construisant les fours à double sole, on aura soin de les munir de trémies plus volumineuses que les trémies actuelles; on pourra alors charger le minerai d'un seul coup sur la sole, et par cette grande masse de minerai on opérera déjà un certain refroidissement de la sole, qui, même dans le four à deux soles, se trouve encore, vers la fin de l'opération, chauffée plus qu'il ne convient pour le commencement d'une opération nouvelle.

§ 22. Considérations sur la fusion du minerai grillé; améliorations proposées.

Fusion du minerai grillé au fourneau à manche. La fusion est à améliorer sous plusieurs points de vue. On ne connaît pas exactement la teneur des scories de Vialas; c'est même un premier perfectionnement à faire que d'introduire les essais réguliers des scories. A juger *à priori,* les scories de Vialas doivent enlever une portion considérable de plomb, à moins qu'on ne les repasse en grande quantité, ce qui ne peut se faire qu'en dépensant beaucoup de combustible.

Les scories peuvent contenir le plomb en deux états différents. Il peut s'y trouver chimiquement combiné à la silice, ou bien à l'état de plomb métallique mécaniquement suspendu dans la masse. Pour éviter la combinaison chimique du plomb, il faut qu'il y ait d'autres matières en présence qui aient plus de tendance que l'oxyde de plomb à se combiner avec la silice. Pour éviter la suspension mécanique du plomb, il faut que la scorie soit bien liquide; les gouttelettes de plomb, par suite de leur poids spécifique, filtrent alors à travers la masse de la scorie et se réunissent au fond du creuset.

En résumé, pour obtenir des scories pauvres en plomb, il

faut que les matières passées dans le fourneau (le lit de fusion) contiennent la quantité convenable de fondant.

Le lit de fusion de Vialas ne contient d'autre fondant que la chaux et l'argile qu'y apporte la sole arrachée après chaque coupellation du four allemand. Il convient d'y ajouter une plus grande quantité de chaux, et avant tout de scories de forge. Parmi les scories de forge dont on disposera dans le voisinage de Vialas, il faudra probablement donner la préférence à celles qui proviennent des feux de mazéage de l'usine de Tamaris. Il y aurait, du reste, quelques analyses à faire à cet égard. Il se pourrait bien que les scories de puddlage convinssent aussi parfaitement.

On pourrait aussi essayer d'ajouter au lit de fusion du minerai de fer carbonaté, dont on trouve beaucoup dans les houillères de Comberedonde; il faudrait à cet effet le griller, comme on fait pour les hauts fourneaux de Tamaris. Ce fondant n'est cependant pas à essayer tant qu'on travaillera dans les petits fourneaux employés actuellement à Vialas.

Ce n'est pas là, du reste, le seul désavantage de la faible hauteur des fourneaux de Vialas. Ces fourneaux n'ont que 1^{m},60 de hauteur depuis la table de travail, ou, ce qui revient à peu près au même, depuis la tuyère jusqu'au gueulard. On les charge par en bas et par devant, en jetant, comme de raison, le minerai derrière le coke. En lançant ainsi dans une position peu commode le minerai par dessus le charbon contre le mur postérieur du fourneau, la poussière est entraînée dans la cheminée par le courant de gaz, et le minerai même tombe en partie dans le coke. Cet inconvénient n'a pas échappé à l'observation de M. Nadal, qui a saisi avec empressement l'idée de changer cette disposition.

La faible hauteur du fourneau a encore un autre inconvénient. Les gaz qui sortent du gueulard, après avoir traversé une colonne de matières qui n'a que 1^{m},60 de hauteur, ont encore une température assez élevée pour s'allumer à l'air : on travaille donc, au moins pendant la majeure partie de la campagne, à gueulard clair, et on a ainsi une forte volatilisation de plomb.

Il convient donc d'exhausser le fourneau; on diminuera ainsi la volatilisation et on augmentera la chance d'améliorer la fusion par une addition de fer carbonaté grillé. En même temps, on disposera la place de chargement derrière le fourneau à un étage supérieur, et on facilitera ainsi le travail des ouvriers. Je propose de donner au fourneau une hauteur de 4 à 5 mètres; on sera obligé d'augmenter peut-être un peu la pression du vent, ce qui, du reste, n'offre aucune difficulté.

La consommation du coke est très considérable à Vialas. On consomme 59 de coke pour 100 de minerai grillé à fondre. Je pense qu'en ajoutant les fondants convenables, et en donnant en outre au fourneau plus de hauteur, de manière que les matières arrivent mieux préparées dans la zone de fusion, on réduira cette consommation dans une proportion sensible.

La campagne des fourneaux ne dure que dix jours : c'est là un inconvénient auquel on ne remédiera pas facilement. Le grillage laisse encore des sulfures dans le lit de fusion; il s'en régénère en outre dans le fourneau de fusion au moyen du sulfate de plomb, que la silice a incomplètement décomposé dans la deuxième époque du grillage. Dans le minerai qui contient de la baryte, celle-ci fournit aussi du soufre pour la régénération de la galène ou bien pour la régénération de la blende lorsque le minerai en contient. Le sulfure de plomb et le sulfure de zinc viennent empâter le coke, le rendre infusible en l'enveloppant comme d'une croûte, et forment ainsi ces dépôts noirs à grains brillants qui obligent de mettre hors.

Si l'on voulait continuer le grillage plus longtemps qu'on ne le fait maintenant à Vialas, on augmenterait la perte de plomb, les dépenses de main-d'œuvre et de combustible; on ne peut guère le conseiller. On pourrait peut-être griller un peu plus longtemps le minerai contenant de la baryte si l'on remarquait que la présence de celle-ci exerce une influence particulièrement désavantageuse sur la marche du fourneau. On diminuerait aussi les dépôts en ajoutant une plus grande quantité de chaux au lit de fusion. En exhaussant le fourneau, on ne détruira pas le mal, on le distribuera seulement sur une plus grande surface, et on arrivera ainsi indirectement au prolongement de la campagne. Un autre remède serait plus efficace, c'est l'addition de fer métallique au lit de fusion; le fer absorbera alors une grande partie du soufre; le sulfure de fer ainsi formé s'alliera avec les autres sulfures, et l'alliage sortira du fourneau sous la forme de matte. Ce procédé offre le grave inconvénient que le fer, même sous la forme de ferraille, est cher à Vialas, et il faudrait voir, par l'expérience, s'il convient réellement d'y avoir recours.

§ 23. Coupellation. *Coupellation.* La coupellation marche bien; mais on pourrait peut-être obtenir une plus grande quantité de litharge rouge. Il suffirait à cet effet de laisser couler les litharges, à leur sortie du four, dans des pots en fonte, où elles se refroidiraient lentement, au lieu de les laisser se figer dans la voie des litharges ou sur le sol de l'usine.

CHAPITRE IV.

AVENIR DE VIALAS.

J'ai encore à traiter un dernier sujet : c'est l'avenir des mines et usine de Vialas. Ayant toujours eu en vue ce sujet pendant la rédaction de ce travail, je pourrai être bref ici.

§ 24. Avenir des mines. Il ne me reste plus rien à dire sur les mines. Si l'on adopte les mesures que j'ai proposées, on pourra doubler prochainement la production; on pourra la maintenir sur ce pied pendant huit ou neuf ans, si les travaux d'aménagement à faire conduisent à de bons résultats. Au delà de ce temps, il n'y a plus rien à prévoir. Si les travaux en profondeur conduisent à un bon résultat, on aura un champ d'exploitation pour une longue série d'années.

§ 25. Avenir de la préparation mécanique.

La préparation mécanique de Vialas devra subir de grandes modifications; elle devra cependant rester à la même place qu'elle occupe maintenant tant que les travaux de la galerie Fauconnier n'auront pas encore conduit à du minerai, c'est-à-dire au moins pendant six ans. Quant aux modifications à faire, j'en ai parlé en détail §§ 17 et 18. La place et la force nécessaires pour leur mise en œuvre seront fournies par la translation de la fonderie.

§ 26. Avenir du traitement métallurgique. — Question de la translation de l'usine.

La fonderie sera-t-elle à transférer? S'il convient de la transférer, où faudra-t-il l'établir? Avant d'aborder ces questions, je jetterai un coup d'œil sur le pays qui environne Vialas et sur les ressources qu'offre ce pays.

Le village et les mines de Vialas se trouvent à quelques kilomètres de la grande route qui, d'Alais, en passant par Portes et Comberedonde, conduit à Villefort; tout ce que les mines et le pays de Vialas ne produisent pas eux-mêmes y est apporté par cette grande route; tout ce que l'usine de Vialas expédie part par le même chemin. Riche en minerai, dépourvu de forêts, le district de Vialas a eu la bonne chance de se trouver près du bassin houiller d'Alais, qui, dans les environs de Portes, s'approche de Vialas à une distance de 20 kilomètres. Si cette partie du bassin houiller, mal exploitée, ne fournit pas encore à la fonderie tout le combustible nécessaire, il n'y a cependant pas de doute que celle-ci ne puisse prochainement s'y alimenter complétement. Au besoin, il y a du reste, à quelques kilomètres de Portes, les houillères de Bessége, fournissant un combustible excellent, renchéri malheureusement par le manque de bonnes voies de communication. Plus loin de Vialas, à une vingtaine de kilomètres au delà de Portes, il y a Alais, ville industrielle, siége d'une population ouvrière qui va croissant de jour en jour et ayant dans son voisinage la grande usine à fonte et à fer de Tamaris et les houillères bien connues de la Grand'Combe. Par le chemin de fer d'Alais, l'usine de Vialas communique avec le reste de la France, et particulièrement avec Marseille, ville où le commerce des métaux est très considérable.

Telle est la situation des mines de Vialas, par rapport au pays en général. En regardant maintenant les rapports qui peuvent les lier à d'autres mines métallifères, on remarque qu'elles ne forment pas un gisement isolé de plomb argentifère dans ce district de la France; il y en a d'autres dans les départements de la Lozère et du Gard, moins riches, il est vrai, pour le moment, que celles de Vialas, mais donnant cependant de l'espoir pour l'avenir. Il y a les mines de Villefort, appartenant à la compagnie elle-même. Il y en a d'autres à l'ouest de Portes, qui sont actuellement exploitées et paraissent donner de beaux produits. Il y en a enfin près d'Alais, et au delà, vers le Vigan, où l'on fait de grands travaux de recherches, ayant en partie déjà amené de bons résultats. Le voisinage de ces mines est à prendre en considération dans la question qui nous occupera, car il a fait naître l'idée de convertir la fonderie qui devra traiter les minerais de Vialas en une usine centrale à établir pour le traitement des minerais du district entier.

Dans les environs de Vialas, deux localités ont attiré l'attention des personnes qui se sont occupées de la question de la translation de l'usine. Ces deux localités sont les environs d'Alais et les environs de Portes ; aucune troisième localité n'a pu seulement être proposée, et ma tâche se réduit donc à examiner s'il convient de laisser la fonderie à Vialas, et, dans le cas d'une translation, s'il faut choisir pour la nouvelle usine les environs d'Alais ou ceux de Portes.

Les raisons à faire valoir pour le maintien ou la translation de l'usine de Vialas peuvent être groupées sous cinq rubriques.

PREMIÈRE QUESTION. — *Des Frais de transport.*

Actuellement l'atelier de préparation mécanique et l'usine de fusion se trouvent réunis à Vialas; les frais de transport pour le schlich se réduisent donc à zéro. Cet avantage disparaîtrait si l'on transférait l'usine ailleurs.

Mais, d'un autre côté, l'usine de Vialas se trouve à une vingtaine de kilomètres des houillères de Portes et de Comberedonde, et une grande partie de ses matières de consommation doivent lui arriver d'Alais, à une distance de 40 à 45 kilomètres. C'est là aussi qu'on expédie une grande partie des produits de l'usine.

L'avantage et le désavantage que présente à cet égard la situation de Vialas peuvent se mesurer très exactement par des chiffres.

L'usine de Vialas a fondu, pendant l'exercice 1852-1853, 602,700 kilog. de schlichs, sable et bourbes.

Elle a employé, pour la fusion, les poids suivants de matières :

Houille.	485,150 k.
Coke.	295,150
Matières diverses. .	176,246
TOTAL.	956,546

De cette quantité, il provenait	du côté	de Vialas.	49,675 k.
Id.	id.	de Portes.	780,300
Id.	id.	d'Alais.	126,571
		TOTAL, comme ci-dessus.	956,546

On a obtenu et expédié : plomb et litharges. 198,660 k.

Le transport d'Alais à Portes, et *vice versa*, coûte par 1000 kilog. . . . . 6 fr.
Id. de Portes à Vialas. id. 12
(actuellement 14.)

En établissant l'usine à Portes on diminuerait donc les frais de transport dans la proportion suivante :

Économie sur le

transport de	780,300 k.	de combustible, venant de Portes, à raison de 12 fr. par 1000 kil.	9,363 60
Id.	126,571	d'objets divers, venant d'Alais, à raison de 12 fr. par 100 kil.	1,518 85
Id.	198,660	de produits de l'usine même, à 12 fr. par 1000 kil. . . .	2,383 92
	1,105,531		13,266 37

Mais, d'un autre côté, il y aurait à transporter le schlich de Vialas à Portes, et les frais seraient pour 602,700 kil., à raison de 12 fr. par 1000 k., de 7,232 40

Reste, économie qu'on aurait réalisée sur les frais de transport, pendant l'exercice 1852-1853, si l'usine avait été à Portes. 6,033 97

On désigne à Vialas, par le terme *une fonte*, toutes les opérations relatives à l'élaboration de matières fournissant deux coupellations.

On a fait, dans l'exercice 1852-1853, 40 coupellations ou 20 fontes.

L'économie par fonte aurait donc été de 501 fr. 70 c.

Pour établir cette même comparaison avec Alais, il faut admettre qu'on puisse acheter à des conditions convenables la houille et le coke de la Grand'Combe, ce qui n'est pas toujours possible. En admettant, toutefois, qu'on se soit arrangé avec la Grand'Combe, on aurait économie sur le transport de 780,500 k.

de combustible; on paierait 2 fr. de transport au lieu des 12 fr. qu'on paie actuellement (au moins);

Différence par 1000 k. 10 fr., soit

	pour les 780,300 k.		7,803 fr.	»
Id.	126,571 k.	d'objets divers à 18 fr. les 1000 k.	2,278	28
Id.	198,660 k.	de produits de l'usine même, à 18 fr.	3,575	52
	1,105,531		13,656	80

D'un autre côté, il y aurait les frais de transport pour le schlich, qui, sur 602,700 k., seraient, à raison de 18 fr. par 1000 kil.	10,848	60
Reste, économie qu'on aurait réalisée pendant l'exercice 1852-1853, sur les frais de transport, si l'usine avait été à Alais.	2,808	20

Et par fonte 140 fr. 41 c.

On aurait pu tenir compte, dans ces calculs, de la quantité de scories de forge qu'il conviendrait de transporter d'Alais à l'usine. En admettant qu'on en consomme 100,000 k. par an, l'économie qu'offrirait, à ce titre, l'établissement de l'usine à Portes serait de. . . . . 1,200 fr.

Id. à Alais, de. 1,800

L'économie totale sur les frais de transport serait donc, pour l'usine établie à Portes, de. . . . . 7,233 fr. 97

Id. à Alais, de. 4,608 20

Deuxième Question. — *Du personnel et des frais de main-d'œuvre.*

J'ai fait ressortir, sous la rubrique précédente, l'élément qui, par des chiffres positifs, lutte pour la translation de l'usine; ici, au contraire, j'aurai à faire valoir l'élément qui seul s'y oppose sérieusement.

A Vialas, on possède un personnel tout formé; on peut avoir à chaque instant autant de grilleurs et de fondeurs que les besoins de l'usine l'exigent. Les ouvriers, une fois accoutumés à un travail, ne l'abandonnent pas facilement. En outre, comme ils sont nés et mariés dans le pays, ils y possèdent ordinairement un petit bien, dont la culture fournit à une partie de leurs besoins, et ils peuvent, par suite, se contenter d'un salaire très modique. On paie à Vialas, à un maître coupeleur, un salaire revenant à 2 fr. 10 c. par jour, et le salaire d'un maître fondeur ne monte qu'à 1 fr. 75 c.

On ne jouira plus du même avantage ni à Portes, ni à Alais. Dans l'un et l'autre de ces endroits les ouvriers de la localité ne suffisent pas pour les travaux industriels; il y arrive des ouvriers de tous les côtés, qui partent tout aussi facilement qu'ils viennent. Les bras étant recherchés et le travail industriel devant payer à lui seul toutes les dépenses de l'ouvrier et de sa famille, on est obligé de donner des salaires plus élevés.

Ainsi, on aurait plus de difficultés d'y établir une population stable, et on serait obligé de hausser les salaires.

Ces difficultés se présenteront probablement à un plus fort degré à Portes qu'à Alais; car Alais, étant une ville de ressources, permettrait à l'ouvrier de vivre à meilleur marché et l'attirerait plutôt à s'y fixer d'une manière permanente.

Je pense qu'il faudra augmenter les salaires à Portes d'un tiers, à Alais d'un quart. C'est là aussi à peu près l'avis de M. Nadal, qui a très bien apprécié et fait ressortir tout ce qui se rapporte à cet ordre d'idées.

Les salaires ont monté, pour les travaux de fusion de 1852-1853, à la somme de 9,500 francs.

Si l'usine était placée dans les conditions de Portes, les salaires

auraient été de. . . . . 12,670 fr.
Et à Alais de. 11,900

Ainsi, économie de la situation de Vialas par rapport à une mine placée à Portes. . . . . 3,170 fr.

Et, par rapport à une mine placée à Alais. 2,400

Ces chiffres, du reste, ne sont pas aussi absolus que ceux relatifs aux frais de transport. Il y a des combinaisons multiples à faire pour attirer les ouvriers à la nouvelle usine. L'endroit de Vialas lui-même fournit d'abord un noyau de jeunes gens qu'on amènerait en leur offrant une petite maison avec un petit jardin; on leur procurerait de la facilité pour retourner de temps en temps à Vialas; on prendrait des mesures pour leur procurer des vivres à bon marché; on occuperait, autant que possible, les enfants et les femmes des ouvriers attachés à l'usine; sous plusieurs de ces rapports, Portes conviendrait mieux qu'Alais; on y établirait plus facilement des logements avec de petites dépendances; les ouvriers s'y trouveraient plus près de leurs parents de Vialas.

Troisième Question. — *Du renouvellement du matériel.*

L'usine de Vialas existe; ailleurs il faudrait bâtir une usine.

L'usine de Vialas existe, en effet; mais pour qu'elle soit en bon état, elle aura à subir toute une série de modifications; on aura à construire des fours à griller à deux soles, à exhausser les fourneaux à manche; il conviendrait aussi d'allonger les chambres de condensation. En outre, il n'y a pas assez de place pour augmenter la production. Si, pour une production augmentée, on voulait maintenir en même temps l'usine et l'atelier de préparation mécanique dans l'endroit où ils se trouvent maintenant, il faudrait augmenter la force hydraulique. A cet effet, il faudrait disposer la prise d'eau à un point de la vallée supérieur à la prise d'eau actuelle, et établir une conduite d'eau qui devrait se trouver en partie dans l'intérieur de la montagne. Malgré tout cela, on sera toujours gêné; on ne pourra guère agrandir la fonderie qu'aux dépens des bâtiments de la préparation mécanique, dont il faudrait abattre une partie. Bref, s'il est vrai que l'usine existe, il n'est pas moins vrai qu'elle ne perdrait guère à être rebâtie, et qu'en tout cas elle ne pourra se maintenir dans sa position actuelle qu'à la condition qu'on renoncera à toute espèce d'amélioration et d'agrandissement.

La reconstruction d'une usine telle que celle de Vialas n'entraînerait pas une dépense de 100,000 francs, non compris toutefois les frais à faire pour les terrassements, les chemins, les murs de soutènement et l'appropriation du local. Les modifications à faire dans l'usine actuelle ne monteraient certainement pas à ce chiffre ; mais on ne pourra guère les faire convenablement, et, en tout cas, on ne pourra pas disposer dans l'usine actuelle les transports intérieurs d'un atelier à l'autre aussi avantageusement qu'on le ferait dans une nouvelle usine. C'est ainsi, par exemple, qu'on aurait à monter dans l'usine actuelle modifiée tout le minerai au gueulard situé à 4 ou 5 mètres au-dessus du niveau du sol, tandis que dans la nouvelle usine on s'arrangerait de manière à ce qu'il y arrive sans dépense spéciale.

QUATRIÈME QUESTION. — *De la décentralisation de la direction.*

Si l'on établit l'usine à Portes ou à Alais, la surveillance de la direction sera partagée entre les mines et la préparation mécanique, d'une part, et l'usine, de l'autre. Ce qui en résulte, c'est qu'on sera obligé d'avoir un ingénieur à part pour l'usine. Mais dès à présent et même en la laissant à Vialas, il est hors de doute qu'il conviendrait d'avoir pour l'usine un ingénieur spécial. Tous les changements dont j'ai parlé ci-dessus exigent la présence d'un homme qui s'en occcupe particulièrement; ils exigent de nombreux essais qui ne peuvent se faire qu'avec l'intervention d'un chimiste habile. Et même, si l'on ne voulait absolument rien changer, ce que je ne concevrais guère, il conviendrait encore de faire au moins régulièrement des essais et d'avoir quelqu'un qui puisse les diriger. La décentralisation a quelques désagréments : elle imposera quelques déplacements de plus à un directeur déjà très chargé de besogne; mais au total cependant, comme il devra avoir nécessairement l'assistance d'un ingénieur de plus, il ne s'en trouvera pas plus mal.

On pourrait encore mentionner que l'établissement d'une usine et d'une partie de la direction à Portes aurait peut-être pour conséquence qu'on donnera un peu plus de soins à l'exploitation de la houillère de Comberedonde.

CINQUIÈME QUESTION. — *De l'usine centrale.*

Dans certaines conditions, on peut espérer que les producteurs de minerai de plomb argentifère aimeront mieux vendre leur minerai que de le fondre eux-mêmes.

Cela peut arriver lorsque les producteurs de minerai n'en possèdent qu'une quantité tellement faible qu'ils ne jugent pas à propos de construire une usine, ou bien encore lorsque les propriétaires d'une fonderie se trouvent dans une position tellement avantageuse qu'ils peuvent payer aux détenteurs de minerai un prix élevé. Dans le cas en question, la Compagnie de Vialas ne se trouvera placée avantageusement vis-à-vis de tout autre propriétaire de mines qui voudrait établir une usine de son côté, que par cette seule circonstance que Vialas pourra extraire le combustible de sa houillère de Comberedonde. Cette houillère lui constitue au moins une garantie de pouvoir toujours se procurer du charbon lorsque, comme par exemple maintenant, la production suit difficilement la consommation.

Pour s'assurer cet avantage, il faudrait établir l'usine à Portes; à Alais il y a égalité d'avantages pour tout acheteur s'approvisionnant à la Grand'Combe.

D'un autre côté, en regardant en particulier toutes les usines des environs, on voit que les propriétaires des mines en exploration près d'Alais ont l'intention d'établir immédiatement une usine près de l'exploitation même; les mines, au contraire, qui, pour fournir leurs produits à Alais, devraient passer par Portes, offrent dans ce moment même de vendre le minerai qu'elle exploitent. Sous ce rapport, la situation de Portes serait donc encore plus avantageuse que celle d'Alais, car elle abrégerait le transport pour les minerais d'une vingtaine de kilomètres. Comme ces mines se trouvent assez éloignées du combustible, il y a quelque probabilité qu'elles continueront encore pendant quelque temps à vendre leur minerai à l'usine que Vialas établirait à Portes. Une ressource sur laquelle on pourra compter avec plus de certitude encore, ce sont les mines de Villefort, appartenant à la Compagnie, et qui fourniraient avec plus d'avantages le minerai à Portes qu'à Vialas ou à Alais.

On peut résumer maintenant comme suit les avantages et désavantages de chaque localité.

Vialas a l'avantage de posséder une usine toute construite; mais cette usine est considérablement à modifier, et ne pourra jamais devenir aussi bien disposée qu'une usine qu'on construirait à neuf; la démolition complète de cette usine permettrait en outre d'agrandir avec bien moins de frais l'atelier de préparation mécanique.

Vialas possède un personnel tout formé, et la translation de l'usine occasionnerait un surcroît de salaires montant, pour une production pareille à celle de 1852-1853, pour Portes à 3,200 fr., et pour Alais à 2,400 fr.

Enfin le maintien de l'usine à Vialas permettrait de maintenir l'unité dans la direction, sans que cette circonstance donne cependant lieu à une économie qu'on puisse exprimer par des chiffres.

Alais offre sur Vialas l'avantage d'une réduction des frais de transport, montant, pour une production pareille à celle de 1852-1853, à la somme de 4,600 francs. Ce chiffre, rapproché de l'augmentation des frais du personnel, ne laisserait qu'une économie de 2,200 francs. L'usine établie à Alais pourrait avoir, à certaines époques, des difficultés pour se procurer du combustible à la Grand'Combe. Elle aurait bien l'espoir de pouvoir acquérir du minerai dans quelque mine située près d'Alais; mais il est probable que ces mines établiront prochainement des usines, et en tout cas l'usine d'Alais serait moins bien située qu'une usine à Portes, par rapport aux mines situées à l'ouest de cette dernière localité, et particulièrement aux mines de Villefort.

Portes offre, par rapport à l'usine de Vialas, une économie de frais de transport montant à 7,200 francs pour une production pareille à celle de 1852-1853. En retranchant de ce chiffre l'augmentation des salaires résultant de la translation, il reste une économie de 4,000 francs (qui serait doublée par une production double). Le charbon y étant à bon marché, on pourra y travailler avec des machines à vapeur, et on évitera ainsi les embarras d'un cours d'eau intermittent. Située sur la grande route qui de Villefort conduit à Alais, Portes offre pour les mines de Villefort le même avantage que pour celles de Vialas. En vue de la reprise des mines de Villefort, l'établissement de l'usine à Portes ne sera plus une décentralisation; on y centralisera, au contraire, le traitement métallurgique des minerais provenant de deux groupes de mines qui appartiennent à la compagnie. On peut admettre même que l'établissement d'une usine à Portes donnera le signal de la résurrection des mines de Villefort, abandonnées depuis si longtemps, et, à ce qu'il paraît, injustement.

Signé : E. LANDSBERG, *ingénieur civil.*

Paris, 20 décembre 1853.

www.ingramcontent.com/pod-product-compliance
Ingram Content Group UK Ltd.
Pitfield, Milton Keynes, MK11 3LW, UK
UKHW021015200726
13857UKWH00004B/1467